DOSAGE

DE

L'ACIDE · URIQUE

PAR

A. VICARIO ·

PHARMACIEN DE PREMIÈRE CLASSE

LICENCIÉ ÈS-SCIENCES

LAURÉAT DE L'ÉCOLE SUPÉRIEURE DE PHARMACIE DE PARIS

———

RAPPORT

présenté au 2ᵉ Congrès International de Chimie appliquée
tenu à Paris du 27 Juillet au 5 Août 1896.

———

COMPIÈGNE

IMPRIMERIE HENRY LEFEBVRE

31, RUE DE SOLFERINO, 31

—

1896

DOSAGE DE L'ACIDE URIQUE

Par A. VICARIO

Les nombreux procédés de dosage de l'acide urique peuvent être classés en trois groupes distincts :

I. — Méthode pondérale.

II. — Méthode volumétrique.

III. — Méthode optique.

Nous allons passer rapidement en revue ces divers procédés, en signalant les inconvénients et les avantages de chacun d'eux.

I. — Méthode pondérale.

Procédé de Heintz. — Ce procédé, proposé par Heintz, en 1817 (1), doit, sans doute à son ancienneté d'être le procédé classique encore conseillé dans des manuels récents et fréquemment employé dans la plupart des laboratoires.

Il consiste à précipiter, par l'acide chlorhydrique, l'acide urique qui, après s'être déposé, est recueilli, lavé, séché et pesé.

Le manuel opératoire est le suivant :

1° *Urines limpides*. — On traite un certain volume d'urine (100 à 250 cc.) par 10 p. 100, (10 à 25 cc.) d'acide chlorhydrique pur ($d = 1,25$). On abandonne le mélange dans un endroit aussi frais que possible.

L'acide urique déposé sous forme de cristaux, plus ou moins colorés, est rassemblé sur un filtre desséché et taré de 3 à 4 cm. de rayon, en utilisant le liquide filtré pour amener sur filtre les derniers cristaux d'acide urique détachés à l'aide d'une baguette en verre munie d'un petit fragment de tube en caoutchouc.

Quand le liquide urinaire acide est complètement écoulé, on lave le filtre avec 30 cc. d'eau froide, on dessèche à l'étuve et on pèse. L'augmentation de poids du filtre représente la quantité d'acide urique contenue dans le volume d'urine soumis à l'action de l'acide chlorhydrique.

2° *Urines avec sédiment*. — S'il y a dépôt, on commence par

---

(1) Heintz. — *Pogg. Ann.*, t. LXX, p. 122.

agiter l'urine et l'on mesure rapidement le volume du liquide destiné à l'analyse. On procède alors à la dissolution de l'acide urique (libre ou combiné) contenu dans le dépôt, à l'aide d'une douce chaleur et par addition de quelques gouttes de lessive de soude. L'urine ainsi devenue presque limpide est filtrée, puis traitée par l'acide chlorhydrique, en suivant le mode opératoire précédent.

Inconvénients. — 1° Le liquide filtré retient en dissolution une certaine quantité d'acide urique (1) ;

2° L'acide urique précipité est accompagné de matières étrangères ;

3° La quantité d'acide urique précipité varie, pour une même urine, avec la température et avec le temps pendant lequel on laisse le dépôt s'effectuer ;

4° L'acide urique n'est pas *toujours* précipité des urines par l'acide chlorhydrique ;

5° La quantité d'acide urique est variable avec les divers autres éléments (normaux et anormaux) de l'urine.

Corrections. — Les deux premières causes d'erreur se compensent, d'après Heintz (2), si l'on n'emploie que 30 cc. d'eau de lavage. Comme une quantité supérieure est souvent utile, il faut ajouter, pour chaque 100 cc. de liquide de filtration (urine et eaux de lavage) :

4 milligr. 5, suivant Zabelin (3).

4 — 8, — Schwanert (4).

1° Le premier inconvénient pourrait donc disparaître par l'emploi de ces coefficients de correction, s'ils étaient applicables à toutes les urines ;

2° Le deuxième pourrait être réduit à son minimum par une filtration préalable de l'urine au charbon et par un lavage à l'alcool du précipité qui céderait à ce dissolvant les matières colorantes, l'acide hippurique, etc ;

3° La précipitation de l'acide urique est souvent incomplète après quarante-huit heures, après même trois et cinq jours de repos.

On a proposé le séjour de quatre heures dans un mélange réfrigérant. Petit (5) affirme que, si l'on bat fortement le mélange pendant cinq minutes, avant de le mettre au frais, la précipitation est complète en deux heures.

(1) Camerer (*Zeitschrift für Biolog.*, 1889, 84. — *Rev. des Sc médic.*, XXXV. 1390, 41. — *Répert. de Pharmacie*, 1890, p. 378), Esbach, Bretet, Salkowski, Ludwig, Deroide, etc.

(2) Heintz. — *Ann. Chem. u. Pharm.*, 1864, t. CXXX, p. 119.

(3) Zabelin. — *Ann. chem. u. Pharm.*, supp II, p. 813.

(4) Schwanert. — *Ann. chem. u. Pharm.*, t. CLXIII, p. 256, 1872, d'après Neubauer et Vogel.

(5) Petit. — *Journal de Pharmacie et de Chimie.* 1881, p. 533.

Quoi qu'il en soit, le procédé de Heintz serait, à défaut d'un meil-leur, acceptable, si, en se plaçant toujours dans des conditions iden-tiques (volume de l'eau de lavage invariable, température et durée de la formation du dépôt exactement déterminées), les résultats de l'ana-lyse étaient comparables. Il n'en est pas ainsi :

4° Certaines urines traitées par l'acide chlorhydrique ne donnent pas de précipité apparent même après trois et quatre jours de repos, alors que la proportion d'acide urique n'est pas négligeable (0,19 — 0,39 p. 1000) (1).

Ce fait se présente avec les urines pauvres en acide urique.

On peut remédier à cet inconvénient en les concentrant jusqu'au tiers ou au quart de leur volume suivant la densité, mais le précipité est accompagné de matières floconneuses, brunes, plus ou moins abon-dantes selon la concentration, et le lavage, d'après Zabelin, exige des quantités d'eau considérables (2). Il faut alors faire intervenir les coefficients de correction ;

5° Certains éléments influent notablement sur la précipitation de l'acide urique dans l'urine.

Sucre. — Le sucre, par exemple, nuit à cette précipitation et le poids d'acide urique précipité est inférieur à celui que l'urine renferme en réalité. Dans ce cas, l'urine sucrée doit être filtrée et additionnée d'acétate mercurique. La combinaison mercurielle recueillie après douze ou vingt-quatre heures est lavée, décomposée par l'hydrogène sulfuré, et le liquide filtré, après avoir été soumis à l'action d'une tem-pérature peu élevée est alors propre au dosage de l'acide urique (3).

Albumine. — Si l'urine est albumineuse, l'acide chlorhydrique doit être remplacé par l'acide acétique crist (6 p. 100), ou par l'acide phosphorique trihydraté (mêmes proportions) qui ne précipitent pas l'albumine.

On peut également éliminer l'albumine par la chaleur et l'acide acétique.

Urée. — L'urée dissout l'acide urique. Rüdel (4) a montré que 100 cc. d'une solution d'urée à 2 p. 100 dissolvent 52 milligr. 9 d'acide urique.

OBSERVATIONS. — Malgré les différentes corrections que nous

---

(1) Deroide. — Contribution à l'étude des procédés de dosage de l'acide urique. Thèse de Doctorat en médecine, Lille, 1891.

(2) Ces matières sont moins abondantes après filtration au charbon et con-centration au bain-marie.

(3) Haunyn et Riess, d'après Neubauer et Vogel, 1877, p. 278.

(4) Rüdel. — Arch. f. exp. Path., t. XXX, p. 469, 1893, cité dans Cazé. Thèse de Pharmacie. Sur le dosage de l'acide urique, Lille, 1895.

venons de relater, le procédé de Heintz n'en est pas moins un procédé défectueux.

Les coefficients établis pour tenir compte de l'acide urique non précipité ou entraîné par les lavages ne sont pas exacts. Ils ont été déduits d'analyses faites en partant de solutions d'acide urique pur et ne correspondent pas aux quantités réelles d'acide urique contenues dans l'urine et les liquides de lavage.

Blarez et Dénigès ont montré (Société de Pharmacie de Bordeaux, 1887), qu'un litre d'eau pure dissout 0,02 acide urique à 0°; 0,06 à 20°; 0,17 à 50°; 0,625 à 100°. Dans l'urine, cette solubilité est variable, pour une même température, suivant sa densité et suivant sa composition.

Les propriétés physiques de l'acide urique, différentes selon son origine, permettaient déjà de craindre l'inexactitude de la correction (1). Deroide a montré, par quatre analyses, qu'au lieu de faire intervenir les coefficients proposés : 4 milligr. 5 ou 4 milligr. 8 pour 100 cc., la correction oscillait entre 7 milligr. et 16 milligr., 4 pour 100 cc. (2).

Ces analyses n'ont pas besoin d'être nombreuses pour démontrer que la quantité d'acide urique échappé à la précipitation varie avec la nature de chaque urine. Elles permettent également de conclure à l'inefficacité de toute correction, la solubilité très irrégulière de l'acide urique changeant avec la température, la densité et la composition excessivement variable de l'urine.

La purification du précipité urique par les lavages à l'eau et à l'alcool qui, surtout en présence de l'acide chlorhydrique, dissout des quantités notables d'acide urique, ne peut être effectuée, puisque ce procédé ne permet pas de déterminer avec exactitude l'acide urique non précipité ainsi que l'acide urique entraîné.

L'acide chlorhydrique a, de plus, l'inconvénient de produire de la xanthine (3).

Quelquefois, l'acide chlorhydrique précipite des urates acides insolubles, reconnaissables à leur aspect.

RÉSUMÉ. — Le procédé de Heintz est long.

---

(1) On sait que l'acide urique précipité pour la première fois d'une urine se présente en cristaux durs, plus ou moins colorés, tandis que ce même acide après plusieurs redissolutions et précipitations et, par purification par l'acide sulfurique, donne naissance à une masse cristalline blanche, pailletée et légère.

De plus, l'acide urique est insoluble dans l'alcool. Cependant, il se dissout abondamment dans ce liquide quand on le fait agir froid ou chaud sur le résidu de l'évaporation de l'urine. (Deroide, *loc. cit.*, p. 60).

(2) Deroide, *loc. cit.*, p. 18.

(3) *Rep. Ph.*, 1894, 3° série, t. VI, p. 266, d'après Merck's Market *Report* et *Ph. Journal*, mars 1894. p. 76.

La précipitation de l'acide urique est quelquefois nulle, toujours incomplète et inégalement variable avec la constitution de l'urine.

Les corrections proposées sont insuffisantes ou illusoires.

Ce procédé doit donc être définitivement rejeté.

Procédé de Salkowski. — En 1871, Salkowski (1) eut le premier l'idée de traiter les eaux-mères provenant du dosage de l'acide urique (par l'acide chlorhydrique), par une solution ammoniacale de nitrate d'argent. Il trouva ainsi une notable quantité d'acide urique et proposa de compléter le procédé de Heintz en ajoutant à l'acide urique obtenu par précipitation par l'acide chlorhydrique, l'acide urique contenu dans les eaux-mères, ce dernier étant dosé à l'aide du nitrate d'argent ammoniacal.

Salkowski modifia plus tard son procédé (2) et indiqua le mole opératoire suivant :

250 cc. d'urine sont additionnés de 50 cc. d'une liqueur magnésienne ammoniacale (3).

On filtre *aussitôt* pour empêcher la précipitation de l'urate de magnésie (4). On prélève 240 cc. (correspondant à 200 cc. d'urine) du liquide filtré auquel on ajoute une solution de nitrate d'argent à 3 p. 100 (5).

Le précipité floconneux obtenu (6) est recueilli sur filtre, lavé à l'eau à plusieurs reprises, puis placé avec le filtre dans un ballon dans lequel on verse 200 cc. d'eau environ. On agite avec soin et on fait passer un courant d'hydrogène sulfuré tout en continuant l'agitation. On chauffe légèrement pour dégager le gaz sulfhydrique, on filtre et on lave à l'eau chaude. On réunit les liqueurs filtrées qu'on évapore à quelques centimères cubes et on additionne d'acide chlorhydrique en achevant l'opération suivant le procédé de Heintz.

Inconvénients. — 1° Le précipité argentique léger et gélatineux s'oppose à une filtration rapide et, par suite, s'oxyde sur le filtre et noircit;

2° L'hydrogène sulfuré, sans parler de son odeur, décompose diffi-

---

(1) Salkowski, *Virchow's Arch* , t. LII, p 58 1871. — *Pflüger's Arch.*, t. V., p. 210, 1872, d'après Deroide.

(2) Salkowski, *Die Lehre von Harn.*, Berlin, 1882, p. 96. — *Repert. de Ph.*, 1886, p. 195

(3) La liqueur magnésienne ammoniacale est composée de la façon suivante:
    1 p. sulfate de magnésie cristallisé.
    2 p. chlorhydrate d'ammoniaque.
    4 p. ammoniaque (d = 0,924).
    8 p. eau.

(4) Quand l'urine est très riche en acide urique, on l'étend de son volume d'eau.

(5) Le chlorure d'argent reste dissous grâce à l'ammoniaque.

(6) L'acide urique est précipité à l'état de sel double d'argent et de magnésium.

.cilement (et peut-être incomplètement) l'urate d'argent qui reste attaché au filtre ;

3° Des traces de soufre accompagnent l'acide urique ;

. 4° On a une assez grande quantité de liquide à évaporer ;

5° Si l'urine est sucrée, on précipite par l'acétate mercurique, en opérant comme nous l'avons précédemment indiqué.

Ces inconvénients sont, pour la plupart, annulés dans le procédé indiqué en 1884 par Ludwig (1), qui perfectionna la méthode de Salkowski, en donnant un mode de dosage de l'acide urique plus exact et plus rapide.

Procédé Salkowski-Ludwig. — Dans ce procédé, les liqueurs magnésienne et argentique sont ajoutées simultanément à l'urine. Le précipité, traité par le sulfure de potassium ou de sodium, se redissout à l'état de sel alcalin, qui, après concentration et addition d'acide chlorhydrique, dépose l'acide urique cristallisé.

Préparation des liqueurs. — « 1° *Liqueur ammoniacale argentique.* — 26 grammes de nitrate d'argent *fondu* sont dissous dans de l'eau distillée. On ajoute q. s. d'ammoniaque, jusqu'à redissolution du précipité. On complète 1000 cc.

« 2° *Liqueur magnésienne.* — 100 grammes de chlorure de magnésium pur cristallisé sont dissous dans q. s. d'eau distillée. On ajoute largement une solution saturée à froid de chlorhydrate d'ammoniaque, puis de l'ammoniaque jusqu'à forte odeur et on complète un litre. La liqueur doit être claire ; un précipité floconnneux de magnésie serait dissous par le chlorhydrate d'ammoniaque (2).

« 3° *Liqueur sulfurée.* — On dissout dans un litre d'eau 15 grammes de potasse (KHO) ou 10 grammes de soude (NaHO) (3). On en sature la moitié par un courant d'hydrogène sulfuré et on mélange à l'autre moitié. »

Les concentrations de ces liqueurs sont suffisantes pour que l'acide phosphorique et l'acide urique soient complètement précipités par 10 cc. de chacune d'elles

(1) *Wien. Med. Jahrb.* 1884, p. 597.
(2) On peut dissoudre à chaud :
    100 grammes chlorure de magnésium.
    150 grammes chlorhydrate d'ammoniaque.
Par refroidissement, le chlorhydrate d'ammoniaque se dépose, mais se redissout par addition d'ammoniaque. Avec ces proportions le mélange à volumes égaux des liqueurs magnésienne et argentique ne laisse pas précipiter de magnésie, quelle que soit la quantité d'ammoniaque en présence (Deroide).
(3) L'alcali doit être exempt de nitrate et de nitrite, car à la fin de l'opération, sous l'influence de l'acide chlorhydrique, il y aurait mise en liberté d'acide azotique, d'acide azoteux, de chlore, qui pourraient détruire partiellement l'acide urique (Deroide).

Manuel opératoire. — On prélève 200 cc. d'urine, on verse 10 cc. de liqueur argentique et 10 cc. de liqueur magnésienne préalablement mélangées. On laisse un peu déposer le précipité, puis on filtre sur un entonnoir à succion. Le précipité est lavé à deux ou trois reprises avec de l'eau additionnée de quelques gouttes d'ammoniaque. On laisse écouler tout le liquide. Quand le précipité commence à se crevasser, on le détache du filtre au moyen d'un agitateur muni d'un caoutchouc et on le remet dans le vase dans lequel la précipitation a été effectuée. Les portions de précipité adhérentes au filtre sont détachées avec la pissette et ajoutées au précipité enlevé.

D'autre part, on chauffe 10 cc. de la liqueur sulfurée avec 10 cc. d'eau, on les fait couler sur le filtre qui portait le précipité argentique, puis dans le vase contenant le précipité. On divise bien le précipité avec la baguette et on chauffe jusqu'à l'ébullition (1).

Lorsque le précipité est devenu complètement noir, on le jette sur le même filtre encore imprégné de la solution de sulfure et on lave à l'eau chaude (2). Les liqueurs sont recueillies (3), concentrées à 10-15 cc., additionnées de 5 cc. d'acide chlorhydrique ($d = 1,12$) dilué au quart. Après une heure de repos (Ludwig), après une nuit (Deroide), les cristaux d'acide urique sont recueillis, lavés, séchés et pesés.

Inconvénients. — 1° L'acide urique n'est pas absolument pur. Il est quelquefois accompagné de soufre et de sulfure d'argent. D'autre part, les manipulations complexes du procédé entraînent une déperdition d'acide urique (Deroide, Garnier, Denigès) ; 2° L'albumine nuit au dosage ; 3° La méthode est longue ; 4° Les lavages à l'eau ammoniacale causeraient des pertes pouvant atteindre 50 p. 100 d'après Baftalowskij (4) ? ce qui paraît improbable (Deroide).

Corrections. — 1° L'acide urique est accompagné de soufre (5) qu'on peut éliminer par un lavage au sulfure de carbone puis à l'éther. On peut éviter ces lavages en chauffant au bain-marie pendant une

---

(1) On peut laisser séjourner au bain-marie, mais il ne faut pas exposer trop longtemps le précipité à l'action de la chaleur, car l'acide urique pourrait être détruit au moins partiellement. Stœdeler a montré que l'acide urique en présence des alcalins et de l'air, se transforme en acide uroxanique. Nencki, Sieber, Schroder, ont démontré que cette transformation se faisait très rapidement à une température peu élevée (37°). Pour éviter la destruction possible de l'acide urique par la liqueur alcaline de sulfure, Growes remplace ce sel par l'iodure de potassium. (*Growes, Journal of physiol*, T. XII, p. 485, 1891, d'après Cazé).

(2) Jusqu'à disparition de la réaction alcaline.

(3) 150 cc. environ.

(4) Baftalowskij, *Maly's Jahresb.*, t. XVIII, p. 128.

(5) Produit par l'action de l'acide chlorhydrique sur le sulfure presque toujours persulfuré.

dizaine de minutes le dernier filtrat additionné de 5 cc. d'acide chlorhydrique. Le soufre se sépare. On le lave un peu à l'eau chaude qui est ajoutée à la liqueur (Deroide).

Si l'acide urique est fortement coloré ou souillé de sulfure d'argent, on le redissout à chaud avec un peu de lessive de soude étendue, on filtre, on lave à l'eau chaude et les liquides évaporés, acidulés par l'acide chlorhydrique sont amenés à cristallisation. On peut tenir compte de la solubilité de l'acide urique de la dernière liqueur soit en adoptant les coefficients précédemment cités soit en adoptant celui de Deroide qui indique comme coefficient *pratique*, le nombre 1 mgr. 9, le volume moyen du liquide étant de 60 cc. ;

2° L'albumine sera éliminée auparavant par l'acide acétique et la chaleur (1).

OBSERVATIONS. — La précipitation de l'acide urique par le nitrate d'argent est complète ; Schröder (2) ayant démontré que 0 gr. 001 d'acide urique dissous dans 200 cc. d'eau donne encore par la mixture magnésienne argentique un précipité très net. Le lavage du précipité se fait assez facilement. La décomposition du sel d'argent par le sulfure alcalin est complète.

EN RÉSUMÉ : la méthode est sensible, les résultats sont constants, comparables entre eux (Deroide) et ce procédé excellent, exigeant une longue et délicate manipulation constitue le procédé de choix qui servira de contrôle aux divers procédés rapides recherchés.

Procédé de Fokker. — Le procédé de Fokker (3) est basé sur l'insolubilité de l'urate acide d'ammoniaque (1 p. sol. dans 1.600 p. d'eau froide).

L'urine (100 cc.) est additionnée de carbonate de soude en quantité suffisante pour la rendre alcaline.

On filtre pour séparer les phosphates.

On ajoute au liquide une solution saturée de chlorhydrate d'ammoniaque (100 cc.). On laisse digérer quelques heures sans agiter. On recueille sur un filtre taré l'urate acide d'ammoniaque. On traite par l'acide chlorhydrique au dixième. L'acide urique produit est lavé et pesé.

Correction : On ajoute 14 milligrammes par 100 cc. d'urine.

OBSERVATIONS. — Ce procédé insuffisant dans les recherches de précision a été repris par Hopkins. Ce dernier après avoir montré que

(1) La peptone et la propeptone sont sans influence sur le dosage.
(2) *Schrœder. Beitrage. z. Physiolos. Festschrift. F. C. Ludwig*, 1887, p. 92, d'après Deroide.
(3) *Bulletin de la Société chimique*, 1876, t. XXV, p. 475. Neubauer et Vogel, 1877, p. 280.

la précipitation est plus rapide en présence de l'ammoniaque, qu'elle est complète et qu'il n'y a pas lieu à correction si l'on sature le liquide de sel ammoniac, a perfectionné le procédé de Fokker en le transformant en un procédé volumétrique dont nous parlerons plus loin

II. — MÉTHODE VOLUMÉTRIQUE.

La méthode volumétrique varie suivant que le dosage de l'acide urique est effectué d'après le volume de l'azote dégagé en présence de certains réactifs ou bien d'après la quantité employée d'une solution titrée déterminée.

1° Par dégagement d'azote. — La première idée du dosage de l'acide urique par la quantité d'azote dégagé appartient à Hufner (1).

Yvon puis Magnier de la Source (2) ont utilisé l'appareil en usage pour le dosage de l'urée. Le réactif est l'hypobromite de soude qui décompose l'acide urique en mettant en liberté, à froid, la moitié de l'azote ; à chaud, la totalité de l'azote qu'il renferme.

On fait deux opérations à froid. Dans la première, on mesure le volume produit par l'urine non dépouillée de son acide urique (libre ou combiné). Dans la seconde, on précipite par le sous-acétate de plomb qui élimine l'acide urique et le volume gazeux obtenu correspond à l'urée.

La différence des deux volumes provient de l'acide urique dont on calcule la proportion en sachant que 1 centigramme d'acide urique dégage 1 cc. 4 d'azote (3).

La cause d'erreur principale tient au dégagement d'azote produit par les corps azotés (xanthine, etc.) voisins de l'acide urique et dont on ne tient pas compte.

Gautrelet a modifié le procédé en se servant d'une solution d'hypobromite de soude concentrée :

Brôme. . . . . 15 cc.
Lessive des savonniers. . . . 135 cc.
Eau distillée. . . . . 50 cc.

et en utilisant une solution de sucre (4) destinée à augmenter la quantité d'azote dégagé.

Gautrelet suppose trois corps dans l'urine capables de dégager leur azote (urée acide urique – créatinine). Il fait trois dosages : le 1er azote total (?) = A ; le 2° après précipitation par le sous-acétate de plomb. —

---

(1) Gautrelet, p. 223.

(2) *Répertoire pharmacie* 1874, p. 291. — Neubauer et Vogel. De l'urine, 1877, p. 280.

(3) Théoriquement 1 centigramme d'acide urique ($C^5 H^4 Az^4 O^3$) doit donner 2 cc. 6512 d'azote (*Encyclopédie chimique* 1888. Garnier et Schlagdenhauffen, p. 76).

(4) Sucre de canne 20 p. Glycérine 20 p. Eau q. s. pour compléter 100 cc.

azote de l'urée + azote de la créatinine $= a$; le 3e après précipitation de la créatinine par le chlorure de zinc en présence de lessive de soude : $a' =$ urée.

$A - a =$ acide urique.

$a - a' =$ créatinine.

Gautrelet (Rep. Phie 1883 page 260) avait proposé un dosage de l'acide urique basé sur l'oxydation de l'acide urique par l'eau oxygénée. La différence entre deux dosages par l'hypobromite de soude permettait de calculer l'acide urique.

Esbach (1) dose l'acide urique dans un appareil qu'il appelle analyseur gazométrique. L'acide urique est précipité par un acide organique, l'acide acétique cristallisable (2 p. 100) qui n'aurait pas l'inconvénient de redissoudre une partie de l'acide urique précipité. Le mélange est abandonné au repos pendant trois jours dans un endroit frais. L'acide urique est alors recueilli et soumis à l'action décomposante de l'acide nitrique froid et étendu au 3/4.

Ce procédé n'est pas plus rapide que celui de Heintz et ne paraît guère avoir plus de valeur.

Cook (2) ajoute à 300-400 cc. d'urine quelques gouttes de lessive de soude, laisse déposer, filtre pour éliminer les phosphates, puis ajoute environ 4 cc. d'une solution de sulfate de zinc (au 1/4) jusqu'à réaction acide. Le précipité est recueilli, traité par 50 cc. d'hypobromite de soude. La présence de sels ammoniacaux ne nuit pas quand le précipité est suffisamment lavé.

Camerer a proposé de précipiter l'acide urique à l'état d'urate d'argent et de doser l'azote dans ce composé. En général, les chiffres trouvés sont trop forts d'un dixième.

Enfin Bayrac (3) recommande d'évaporer 50 cc. d'urine au bain-marie. On précipite l'acide urique du résidu par 5 à 10 cc. d'acide chlorhydrique au cinquième, on lave à l'alcool à 95° afin d'enlever l'urée et la créatinine qui souillent l'acide urique. On jette sur un filtre sans plis, on place le filtre et son contenu dans une capsule, on dessèche et le résidu dissout dans XX gouttes de lessive de soude est traité a 90-100° par la solution d'hypobromite de soude. 0,01 centigramme d'acide urique correspond à 2 cc, 46 azote calulé sec à 0° sous 76) mill. Ce procédé demande deux heures au plus.

(1) Bulletin Thérap. 28 février 1877, p. 15. Encyl. Ch. — *Garnier* et *Schladenhauffen, loc cit.*

(2) Rep. Phie. 1883 p. 74.

(3) Dr Bayrac. Comptes rendus Ac. Scienc. 17 Février 1890.

Rep. Phie. 1890, p. 114. Arch. de méd. et de ph. milit., mai 1890, p. 360, Journal Phie T. I. p. 611.

OBSERVATIONS. — La méthode de dosage de l'acide urique au moyen de l'uréomètre mériterait d'être plus étudiée; on pourrait se servir du cyanate de potasse qui est sans action sur l'hypobromite de soude et qui permet un dégagement presque complet d'azote (Allen Walker et Hambly). Des dosages comparatifs avec la méthode Salkowski-Ludwig pourraient être effectués. On arriverait non seulement à déterminer séparément l'urée et l'acide urique mais encore à doser en bloc les différents composés organiques azotés voisins (bases xanthiques, qui constituent, d'après Kossel, des produits de désassimilation des nucléines et dont la quantité fournirait au médecin un précieux renseignement.

1° DOSAGE PAR SOLUTIONS TITRÉES DE PERMANGANATE DE POTASSE.

Procédé Hopkins. — Hopkins (1), en perfectionnant le procédé Fokker, isole l'acide urique sous forme d'urate d'ammoniaque, au moyen de l'ammoniaque et du chlorhydrate d'ammoniaque; il lave le précipité avec une solution saturée de sel ammoniac, le dissout à chaud dans de l'eau légèrement alcalinisée par le carbonate de soude, laisse refroidir, porte le volume de la solution à 100 cc., ajoute 20 cc. d'acide sulfurique, puis la solution de permanganate de potasse, goutte à goutte, jusqu'à coloration rose persistante.

1 cc. de la solution de permanganate de potasse = 3 mgr. 75 acide urique.

Cazé, qui a vérifié le procédé Hopkins, en faisant une série d'analyses parallèles comparativement avec le procédé Salkowski-Ludwig, a trouvé des écarts positifs et négatifs qu'il attribue aux impuretés minérales (filaments de cellulose du filtre, etc.), aux matières colorantes de l'urine, à la créatinine, aux corps xanthiques, etc. Le procédé Hopkins, auquel Cazé a fait subir la modification d'un lavage à l'acide chlorhydrique du précipité urique, est un procédé rapide, facile à exécuter et que nous allons citer dans tous ses détails.

Procédé Hopkins-Cazé. — Réactifs. — *Chlorhydrate d'ammoniaque.* — « On se sert du sel ammoniac du commerce purifié par cristallisation. Il est bon de s'assurer que ce sel dissout dans l'eau ne réduit pas le permanganate acide.

« *Ammoniaque.* — L'ammoniaque employée est la dissolution pure concentrée à 21° Bé environ.

« *Lessive de soude étendue.* — Pour ne point mettre inutilement un grand excès de soude, on se sert avec avantage d'une dissolution contenant environ 40 gr. NaOH par litre.

(1) *Guy's Hosp. Rep.* 1893, p. 299. — *Chemical News*, 1892, p. 106. — *Jaresb. de Maly*, t. XXII, p. 199, 1892.

« *Acide chlorhydrique étendu*. — On dilue au 20° de l'acide chlorhydrique pur concentré (à 35-40 p. 100 de HCl).

« *Acide sulfurique concentré*. — Il doit être tel que 10 cc. renferment environ 3 gr. 50 de SO^4H^2.

« *Liqueur normale au 20° de permanganate de potasse*. — On dissout de 1 gr. 20 à 1 gr. 80 de permanganate de potasse dans 1100 cc. d'eau distillée. On prépare d'autre part une dissolution normale au 20° d'acide oxalique. Pour cela, on pèse 3 gr. 15 d'acide oxalique pur, sec et non effleuri (1), que l'on dissout dans l'eau, et l'on étend au litre. On prend ensuite le titre de la solution de permanganate vis-à-vis de la liqueur oxalique.

« A cet effet, on introduit dans une fiole conique 20 cc. de la solution oxalique, 10 cc. d'acide sulfurique étendu et on complète à 200 cc. environ. On chauffe à 50° environ et on ajoute la solution de permanganate jusqu'à coloration rose persistante. Comme la quantité de permanganate pesée a été prise un peu forte, on trouvera qu'il faut un peu moins de 20 cc. de permanganate. On prend la moyenne de plusieurs opérations et l'on calcule la quantité d'eau à ajouter à 1000 cc. de la solution de permanganate pour qu'elle corresponde, volume par volume, à la solution oxalique.

« Les deux solutions peuvent se conserver plusieurs mois, si elles sont placées à l'abri de l'air et de la lumière. »

Manuel opératoire. — « A 100 cc. d'urine, préalablement filtrée et limpide, on ajoute 30 gr. de chlorhydrate d'ammoniaque pulvérisé. On agite à l'aide d'une baguette munie d'un bout de caoutchouc, puis on ajoute 3 cc. d'ammoniaque ; on remue de nouveau et on abandonne au repos pendant une heure, en agitant de temps en temps. Après avoir laissé le précipité se tasser, on opère la filtration à l'aide d'un entonnoir à succion sur un filtre plat en papier Berzélius suédois de 7-8 cm. de diamètre. La filtration est rapide, mais devient difficile lorsque tout le précipité est sur le filtre. On se sert du filtrat pour amener le restant du précipité sur le filtre. Cette opération, bien conduite, demande en moyenne 30 minutes. On peut, du reste, l'accélérer en se servant de la trompe (filtre doublé en tarlatane).

« Le liquide étant écoulé, on bouche avec le doigt la douille de l'entonnoir et on remplit exactement le filtre de liqueur chlorhydrique ; on attend une minute environ, puisse on laisse écouler le liquide, qu'on recueille et qu'on refait passer de nouveau sur le précipité.

« Cela fait, à l'aide d'une petite pince, on enlève le filtre contenant

---

(1). « Pour cela, il suffit de maintenir pendant quelque temps l'acide pur cristallisé sous une cloche au-dessus de l'acide sulfurique à 53° Bé . Lescœur a démontré que dans ces conditions l'acide se dessèche parfaitement sans qu'il y ait dissociation de l'hydrate $C^2O^4H^2+2H^2O$.

le précipité et le tout est placé dans une fiole conique avec 20-30 cc. d'eau distillée. On ajoute 5 cc. de liqueur sodique et on agite. Sous l'action de la soude et de l'agitation, le filtre ne tarde pas à se désagréger et à mettre à nu le précipité qui se dissout promptement ; on peut, d'ailleurs, faciliter cette opération avec un agitateur. On complète avec de l'eau distillée à 200 cc. environ, on ajoute 10 cc. d'acide sulfurique étendu, on chauffe à 50° environ et on titre à l'aide du permanganate de potasse jusqu'à coloration rose persistante.

« Le nombre de centimètres cubes, multiplié par 0,00376, donne la quantité d'acide urique contenu dans 100 cc. d'urine.

« Le dosage demande, en moyenne, une heure trois-quarts, y compris le temps de la précipitation qui est de une heure. »

Inconvénients. — Le lavage à l'acide chlorhydrique enlève de l'acide urique en même temps que des impuretés réductrices. Malgré cela, les résultats obtenus sont encore supérieurs à ceux que donne le procédé Salkowski-Ludwig. Ce lavage améliore les résultats, encore faut-il que la durée du contact ne soit que de une à deux minutes. Un contact plus long pourrait entraîner des différences notables.

OBSERVATIONS. — Ce procédé, comparé à celui de Salkowski-Ludwig, a montré d'après Cazé des écarts variant, en valeur absolue, de — 3,6 à + 8,1 milligr.

En résumé, ce procédé est commode, assez rapide, n'exige pas une attention soutenue et peut rendre dans la pratique de réels services, étant donné que l'on ne recherche pas une exactitude rigoureuse.

Procédé Byasson. — Byasson (1) traite l'urine par un mélange de chlorure de baryum et de baryte (2). L'acide urique est précipité en totalité à l'état d'urate de baryum insoluble qui est soumis en présence d'acide sulfurique à l'action d'une solution de permanganate de potasse au millième. Cette dernière est versée goutte à goutte jusqu'à l'obtention de la couleur rose persistante.

D'après l'auteur, les résultats obtenus concordent avec la méthode (défectueuse) de Heintz.

On calcule la quantité d'acide urique en se reportant aux nombres suivants :

Une partie de permanganate de potasse oxyde 3 p. 233 acide urique, d'après Byasson.

Une partie de permanganate de potasse oxyde 3 p. 207 acide urique, d'après Garnier.

OBSERVATIONS. — Blarez et Denigès (3) ont fait remarquer que la

(1) Byasson. *J. Ch.* et *Ph.* 1882, t. VI, p. 20.
(2) Mélange barytique du procédé Liebig.
(3) *J. Chimie et Ph.*, 1er mai 1887, p. 482, — *Arch. de Ph.*, 1887, p. 245. — *Compt. rend. Ac. Scienc.* 14 mars 1887.

quantité de permanganate employée était fonction du degré d'acidité
et de la dilution du mélange et que, pour arriver à des indications pré-
cises, il fallait : 1° n'opérer que sur des solutions dont le degré de dilution soit au minimum de 1/8000 (volume total de liquide 200 cc.); 2° ne
point opérer sur une quantité d'acide urique dépassant 0 gr. 10;
3° ajouter de l'acide sulfurique de façon à avoir en liberté 3 g. 50
d'acide sulfurique libre.

Ils admettent comme coefficient 0,0074 : 1 cc. de la solution normale au dixième oxyde 0.0074, soit 0,0037 pour la solution normale au
vingtième.

Ces faits ne concordent pas avec les résultats publiés par Cazé
dans la thèse déjà citée. La différence tient sans doute à la pureté de
l'acide urique employé.

Albumine. — Pour les urines albumineuses, l'albumine doit être
auparavant éliminée par l'acide acétique et la chaleur.

L'acide hippurique précipitable par les sels de baryum devra être
éliminé par le perchlorure de fer (1). Dans les conditions ordinaires,
la modification est négligeable.

L'acide oxalique étant précipitable également par les sels de baryte,
il est nécessaire de doser l'acide oxalique en se servant de la relation
suivante.

2 acide oxalique = 1 permanganate de potasse = 3,27 acide urique.

On peut aussi précipiter l'acide oxalique par le chlorure de cal-
cium sans excès, en présence d'acétate de sodium. Après agitation pro-
longée, le liquide filtré est propre au dosage de l'acide urique (Garnier).

Ce procédé a encore l'inconvénient d'introduire, dans le liquide à
titrer, un précipité de sulfate de baryum qui gêne l'appréciation du
terme de la réaction. D'autre part, le précipité barytique est volumi-
neux et son lavage complet est à peu près impossible (Cazé).

En résumé, procédé rapide, mais sujet à plusieurs causes d'erreur.

2° DOSAGE VOLUMÉTRIQUE PAR LE SULFOCYANATE DE POTASSIUM.

Procédé de Haycraft. — Haycraft, en 1883 (2) fit connaître
un procédé qui, légèrement modifié par Hermann (3) a été adopté par
plusieurs auteurs, Bogomolow (4), Baftałowskij, Tyson (5).

---

(1) Garnier et Schlagdenhauffen, *loc. cit.*
(2) *John, B. Haycraft, Britisch. med. Journal,* 1885, p. 1.100. — *Zeitschr.
f. analyt. chem.* 1886, ch. XXV, p. 165. — *Zeitsch. f. physiolog. chem.* t XV,
p. 436, 1891, *Journal of the americ chemie society,* VIII, 1886, 78, d'après *Arch.
de Ph.,* 1887, p. 172.
(3) *Zeitsch. f. physiol. chem* , t. XII, p. 496, 1888.
(4) *Ibid.,* t. XVIII, p. 128, d'après Deroide,
(5) *Guide pour l'examen pratique de l'urine.* Tyson. Traduction Gautrelet
et Clarke. 1895, p. 115.

Ce procédé est basé sur ce qu'une molécule d'acide urique 168 se combine avec un atome 108 d'argent. Il consiste à précipiter l'acide urique par le nitrate d'argent ammoniacal, à dissoudre le précipité dans l'acide nitrique dilué, à doser l'argent en dissolution au moyen d'une liqueur titrée de sulfocyanate alcalin.

Solutions nécessaires. — 1° *Liqueur ammoniacale argentique* (voir procédé Salkowski-Ludwig) ;

2° *Liqueur magnésienne* (voir procédé Salkowski-Ludwig);

3° *Liqueur argentique normale au 50°.* — On dissout 3 gr. 40 de nitrate d'argent pur *fondu* dans l'eau distillée et on complète 1 litre;

4° *Liqueur de sulfocyanate de potassium à 50°·* — On dissout 2 gr. 20 de sulfocyanate de potassium cristallisé dans 1.100 cc. d'eau distillée (1).

Indicateur ferrique. — Solution saturée à froid de sulfate ferro-ammonique (alun de fer), étendue au quart. 5 cc. de cette solution ajoutés à la solution nitrique doivent donner un mélange incolore (Deroide).

Acide nitrique dilué (20 à 30 p. 100). — On dilue l'acide nitrique commercial, on le porte à l'ébullition et on le place à l'abri de la lumière. L'acide nitrique ne doit contenir ni chlore ni vapeurs nitreuses. On peut laisser séjourner dans l'acide nitrique de l'urée jusqu'à cessation de dégagement gazeux.

Ammoniaque.

Titrage du sulfocyanate de potassium. — 50 cc. de la liqueur argentique normale sont dilués d'un volume égal d'eau distillée et additionnés de 5 cc. de l'indicateur ferrique ainsi que de 10 cc. d'acide nitrique. On ajoute alors, au moyen d'une burette, le sulfocyanate. Il se forme tout d'abord un précipité blanc puis une coloration brun-rouge qui disparait par l'agitation. Au moment où la saturation approche, le précipité est floconneux et se sépare facilement. Enfin, une ou deux gouttes de sulfocyanate produisent une belle coloration rouge-brun persistante. On équilibre les liqueurs de façon à ce que le volume de liqueur de sulfocyanate utilisée soit exactement de 50 cc.

Manuel opératoire. — 50 cc. d'urine sont additionnés d'un mélange de 5 cc. de liqueur magnésienne et 5 cc. de liqueur ammoniacale argentique. On attend que le précipité soit un peu déposé et on filtre la liqueur sur de l'amiante réduite en pulpe à l'aide d'un peu d'eau. On prend ensuite 4 grammes de bicarbonate de soude en morceaux grossiers qu'on étale sur la surface filtrante et on y fait passer le précipité urique.

---

(1) Ces solutions peuvent être faites normales au 100°. Dans ce cas 1 cc. correspond à 0 gr. 0016S d'acide urique (Tyson, p. 115).

Le vase et le précipité sont lavés à l'eau faiblement ammoniacale, jusqu'à ce que le liquide ne renferme ni chlore, ni argent (1). Ce lavage est fait à la trompe. A partir du moment où le précipité commence à se crevasser, on continue sans pression.

Le précipité lavé est dissout sur le filtre avec l'acide nitrique. On lave ensuite le filtre avec le même acide très étendu, puis avec de l'eau distillée jusqu'à disparition de la réaction acide. On ajoute alors 5 cc. de l'indicateur ferrique et on dose à l'aide de la liqueur titrée de sulfocyanate que l'on verse jusqu'à coloration rose pâle persistante.

1 cc de la liqueur sulfocyanate $= 3$ mgr. 36 d'acide urique.

Inconvénients. — La principale difficulté de la méthode consiste dans la nature gélatineuse du précipité qu'il est difficile de laver. Le bicarbonate de soude a été ajouté pour rendre le précipité moins gélatineux et empêcher la réduction de l'argent. Deroide pense que le bicarbonate de soude rend le précipité plus altérable en raison de la formation d'un urate double d'argent et de sodium moins stable que le sel double d'argent et de magnésium.

D'autre part, le bi-carbonate de soude se dissout et ne rend pas le précipité moins gélatineux, ni plus pulvérulent.

La filtration était faite par Haycraft, sur de l'amiante réduite en pulpe et reposant sur des débris de verre placés au fond de l'entonnoir. Hermann avait remplacé le verre par une lame de platine percée de trous. La filtration n'en restait pas moins longue, et le moment de la dissolution complète du précipité était difficile à saisir.

Deroide a fait subir à ce procédé quelques modifications destinées à le rendre plus pratique.

Procédé Haycraft-Deroide. — « On mélange 5 cc. de liqueur magnésienne et 5 cc. de liqueur ammoniacale argentique (Salkowski-Ludwig. On ajoute 5 cc. d'ammoniaque ; en redissout le précipité de chlorure d'argent dans 5 cc d'ammoniaque et on verse en agitant dans 50 cc. d'urine. On attend que le précipité soit quelque peu déposé et on fait passer la liqueur d'abord, puis le précipité sur un filtre en papier résistant (2) de 7 cent. de diamètre, exactement adapté sur un entonnoir à succion. On place en outre au fond de ce filtre un peu de coton de verre humecté d'eau. De cette manière, le précipité ne se tasse pas au fond du cône filtrant qui conserve toute sa perméabilité. Il s'étale

---

(1) La présence de l'argent est constatée par l'acide chlorhydrique en faible excès pour éviter la redissolution d'une petite quantité de chlorure d'argent.

Le chloré se reconnait à l'aide d'une solution limpide de nitrate d'argent acidulée par l'acide azotique.

(2) Papier spécial de Schleicher et Schull assez résistant pour supporter une pression de 2 à 3 atmosphères.

au contraire sur le coton de verre et n'arrive qu'à une faible hauteur sur le papier.

« On peut augmenter la perméabilité de la masse en ajoutant aux 50 cc. d'urine, environ 0 gr. 50 de carbonate de chaux pur.

« On lave le précipité à l'eau ammoniacale, jusqu'à disparition de l'argent et surtout du chlore (1) dans l'eau de lavage. On soulève le filtre avec son contenu au moyen d'une spatule en platine, on le fait passer dans un vase de 250 cc., en l'étalant le long de la paroi et on verse dessus, au moyen d'une pipette, 10 cc. d'acide nitrique dilué (voir procédé Haycraft).

« Si le précipité est mêlé de carbonate de chaux, l'effervescence qui se produit alors, le détache du filtre et l'acide nitrique l'entraîne au fond du vase; la surface du papier devient rapidement très nette.

« Avec quelque habitude, on arrive à appliquer le filtre contre les parois d'un vase à précipiter, de telle manière qu'il ne gêne en aucune façon, pas plus que le coton de verre, l'agitation du liquide et l'appréciation de la coloration finale.

« On peut, du reste, aussi saisir le filtre avec une pince et le laver avec la pissette. Comme on doit diluer, une fois le précipité dissous, jusqu'à 100 cc. environ, on dispose d'un volume d'eau suffisant pour arriver à un lavage complet.

« Quand le précipité s'est liquéfié, la liqueur est souvent louche, du fait sans doute de la mise en liberté de l'acide urique. Mais, bientôt, celui-ci se décompose manifestement ; un dégagement gazeux se produit et, si l'on a eu soin de bien chasser tout le chlore, la dissolution est tout à fait limpide : c'est, d'ailleurs, le contrôle d'un bon lavage.

« A ce moment, on dilue à 100 cc. environ, en remuant le filtre et le coton de verre ; on ajoute 5 cc. de solution d'alun de fer et on titre au sulfocyanate.

Avantages. — Deroide a toujours obtenu, par cette méthode, des précipités blancs jaunâtres, en aucun point altérés et donnant une solution nitrique parfaitement limpide. Aucune partie du précipité n'est entraînée par le lavage et la totalité du précipité est dissoute.

Le mode opératoire est plus commode et plus sûr que dans le procédé Haycraft-Hermann. Les résultats obtenus sont constants et comparables entre eux.

Inconvénients. — Les bromures et iodures, de même que les corps réducteurs (gallobromol, gallanol, acide pyrogallique, substances tanniques, gaïacol), nuisent au dosage.

D'autre part, ce procédé donne des résultats plus forts que le procédé Salkowski-Lvdwig, et l'écart est d'autant plus grand que les urines

(1) Deroide, *Loc. cit*, p. 55.

sont plus riches en acide urique. (Salkowski, Haycraft, Hermann, Camerer, Deroide.) Cela tient à deux causes :

1° Le précipité argentique ne paraît pas présenter une composition constante.

Salkowski a montré que le rapport de l'acide urique à l'argent, tend à une valeur qui correspondrait à une combinaison de trois molécules d'acide urique pour quatre atomes d'argent. Il pense que ce rapport étant inconstant, le procédé est certainement inexact.

Au contraire, Haycraft, Hermann, Czapek, trouvent que le rapport

$$\frac{1 \text{ molécule acide urique}}{1 \text{ atome argent}} = \frac{C^5 H^4 Az^4 O^3}{Ag} = \frac{168}{108} = 1,55$$

est constant.

Deroide, dans la très intéressante étude que nous avons fréquemment citée, a démontré que la constance du rapport 1,55 se vérifie avec les solutions d'acide urique pur. Hermann avait démontré que cette constance se vérifie encore avec les urines dans lesquelles on a ajouté un poids déterminé d'acide urique pur.

La différence entre deux dosages faits parallèlement, l'un dans l'urine primitive et l'autre dans l'urine additionnée d'acide urique, représentait sensiblement l'acide urique ajouté.

2° La deuxième cause de la divergence des résultats tient à ce que des substances autres que l'acide urique sont précipitées en même temps que lui sous forme de combinaisons argentiques.

Hermann pense que le surplus d'acide urique est dû aux corps du groupe xanthique précipitables par la solution ammoniacale d'argent.

Camerer (1) fait voir que la proportion de corps xanthiques atteint, en moyenne, 10.9 p. 100 de l'acide urique.

En résumé, le procédé Haycraft, malgré les heureuses modifications de Hermann et de Deroide, reste un procédé assez rapide, mais délicat et inexact, puisqu'il précipite à la fois l'acide urique et les autres principes azotés du groupe xanthique.

Le procédé Haycraft-Deroide constitue donc un procédé de dosage des composés xantho-uriques et Denigès (2) s'en est servi pour instituer une méthode de dosage de ces composés en utilisant la formation

(1) *Centralbl f. d. medic. Wissensch* 1891, n° 30. *Maly-Jahresbericht fur Thier. Chem.* Salkowski 1894.

Camerer désigne, par acide urique *a*, l'acide urique obtenu par le procédé Salkowski-Ludwig; par acide urique *b*, l'acide urique de la même urine, mais précipité par le sel d'argent et calculé d'après sa teneur en azote. La quantité d'acide urique *a* est toujours supérieur à l'acide urique *b* et la différence est due un peu à l'ammoniaque restant dans le précipité argentique et surtout aux bases xanthiques.

(2) *Bulletin de la Société de Pharmacie de Bordeaux*, 1894, p. 137.

en liqueur ammoniacale du cyanure double d'argent et de potassium
et en se servant de l'iodure de potassium comme réactif indicateur (1).

3° DOSAGE VOLUMÉTRIQUE DE L'ACIDE URIQUE SOUS FORME D'URATE
CUIVREUX.

Procédé Arthaud et Butte. — En 1881, Worm Müller (2)
songea à utiliser l'insolubilité de l'urate de cuivre pour doser l'acide
urique. Le procédé, assez rapide, manquait de rigueur.

En 1889, Arthaud et Butte indiquèrent un procédé pour doser l'acide
urique volumétriquement sous forme d'urate cuivreux (3).

Solutions nécessaires. — On prépare deux solutions, la première
renfermant par litre 14 gr. 84 de sulfate de cuivre et des traces d'acide
tartrique, et la seconde, 80 grammes d'hyposulfite de soude, 160 grammes de sel de Seignette et la quantité de phénol nécessaire pour la
conservation. Pour l'usage, on emploie deux parties de la première
solution et huit de la seconde. 10 cc. de ce mélange précipitent 2 centigrammes d'acide urique.

Manuel opératoire. — 100 cc. d'urine sont additionnés de carbonate de soude.

On filtre, pour séparer les phosphates. On prélève 50 cc. du filtrat
et on ajoute goutte à goutte la solution cuivrique.

Il se produit un trouble laiteux puis un précipité blanc et floconneux.
Lorsqu'on croit être arrivé à la limite, on filtre une petite quantité de
liquide dans laquelle on verse une goutte de réactif. Si l'on obtient un
trouble, la précipitation est incomplète

On recommence et, par des essais successifs, on arrive à préciser la
fin de l'opération. Il est bon de s'assurer que la réaction est bien ter-
minée et l'apparition d'une teinte bleue, après addition d'un peu d'ammoniaque et agitation à l'air montre que la limite est dépassée. 1,484
sulfate de cuivre précipite 1 gramme d'acide urique, d'où 1 cc. du
réactif, 1 milligramme acide urique.

---

(1) Dans cette méthode, on dose volumétriquement la quantité d'argent non
précipité dans une portion aliquote du liquide filtré, l'opération étant ainsi sim-
plifiée et rendue beaucoup plus courte. Cette détermination ne pouvait se faire
par les procédés de dosage de l'argent en liqueur neutre (Mohr), ou acide (Vol-
hard), à cause des chlorures de l'urine. Czapeck (*Zeitsch. f. physiolog. Chemie*.
t. XIV, p. 31), reprenant une idée de Salkowski, avait tenté le dosage en milieu
ammoniacal à l'aide d'une solution titrée de sulfhydrate d'ammoniaque. Mais la
fin de la réaction difficile à apprécier et le réactif très altérable ont fait délais-
ser le procédé (Denigès).

(2) Ueber das Verhalten der Harnsaure zu Kupferoxyd und alcali. — *Pflüg.
arch.* Bd. XXVII, 1881. — Ducung.

(3) *Soc. de biologie*, 9 nov. 1889. — *Répert. de Ph.* 1890, 1, p. 113. Les
auteurs se servaient d'abord d'une solution de sulfocyanure cuivreux dans l'hyposulfite de soude.

Inconvénients. — Le procédé Arthaud et Butte a, comme principal inconvénient, la difficulté de saisir.le terme de la réaction.

OBSERVATIONS. — M. Gautrelet (1) a proposé la touche au ferri-cyanure de potassium (2), il acidule l'urine par l'acide acétique, de sorte que l'acide urique soit seul précipité (3) et prépare la liqueur titrée de façon à ce que chaque division décime employée corresponde à 0 gr. 01 d'acide urique par litre d'urine.

La solution préconisée par Gautrelet est la suivante :

Sulfate de cuivre crist. pur.	2 gr. 968
Hyposulfite de soude	40 gr.
Sel de Seignette.	80
Eau distillée q. s. pour.	1.000 cc.

Le manuel opératoire consiste à prélever 20 cc. d'urine en dissolvant l'acide urique non dissous, acidifier par 5 cc. acide acétique 1/10 et titrer par la solution cuivrique.

Laval (4) a trouvé que le procédé Gautrelet donne des résultats concordants avec ceux du procédé Haycraft qu'il préfère.

Arthaud et Butte trouvent les modifications de Gautrelet telles, qu'elles rendent le procédé impossible à exécuter. Ils affirment que la liqueur doit rester alcaline, l'acidification empêchant l'urate de se former. Ils ont de plus, perfectionné leur procédé (5) en proposant la solution de xanthate de soude au dixième comme indicateur. On filtre quelques gouttes de la liqueur et on verse la solution de xanthate de soude. S'il y a excès de cuivre, il se forme un précipité jaune de xanthate cuivreux ; dans ce cas on recommence l'essai en tenant compte du résultat approximatif obtenu.

Ducung (6), en comparant les résultats obtenus par ce procédé à ceux donnés par le procédé Salkowski-Ludwig; trouva que « pour tout dosage dans l'urine, c'est *un tiers en trop* de réatif cuprique que l'on est obligé d'employer avant d'obtenir la précipitation complète. » Il proposa, pour éviter toute correction de chiffres, au moment du dosage et conserver tous les avantages d'une solution titrée à lecture

---

(1) *Pratiq. Médic.* 28 janvier 1890. — *Repert. Ph* 1890, 1, p. 1113.

(2) La solution de ferricyanure de potassium qui sert d'indicateur a la for-mule suivante :

Ferricyanure de potassium . . . . : . . .	2 gr.
Acide chlorhydrique pur	10 —
Eau distillée q. s. pour.	1.000 cc.

(3) Les sels cuivreux ne précipitant les phosphates qu'en solutions neutres ou alcalines.

(4) Laval, *Thèse de Doctorat*, Lyon, 1893-1894, n° 816.

(5) *Progrès médic.*, 1893. 9 septembre.

(6) *Archives cliniques de Bordeaux*, 1892 ; *Union ph* , juillet 1893.

directe, d'augmenter d'un tiers la proportion de sulfate de cuivre et de préparer les deux solutions suivantes :

SOLUTION A

Sulfate de cuivre cristallisé pur . . .	4 gr. 47
Acide sulfurique.	V gttes
Eau distillée q. s. pour	1000 cc.

SOLUTION B

Hyposulfite de soude.	45 gr.
Sel de Seignette.	45 gr.
Eau distillée q. s. pour.	1000 cc.

Le mélange à volumes égaux des deux liqueurs précipite dans l'urine un milligramme d'acide urique par cc. et se conserve huit jours au moins.

Le manuel opératoire de Ducung consiste à traiter l'urine par le dixième de son volume d'une solution saturée de carbonate de soude (1) ; filtrer et doser sur 11 cc. du filtratum. Chaque dixième de cc. du réactif employé correspond à 0 gr. 01 c. d'acide urique par litre L'indicateur consiste en une solution alcaline d'acide urique qui donne une opalescence très nette.

RÉSUMÉ. — Le procédé Arthaud et Butte est simple et rapide. Malheureusement, le terme de la réaction n'est pas indiqué d'une manière très précise, ce qui permet de considérer cette méthode comme un procédé à approximations successives.

Procédé Denigès. — M. Denigès a communiqué à la Société de Pharmacie de Bordeaux (2) un procédé de dosage volumétrique de l'acide urique basé sur sa précipitation à l'état d'urate cuivreux, dont la quantité est déterminée par le dosage cyanimétrique du cuivre.

Les solutions nécessaires au dosage sont les suivantes :

1° SOLUTION S.

Carbonate de soude anhydre . . .	160 grammes.
Eau distillée.	1 litre.

2° SOLUTION H.

Hyposulfite de soude cristallisé. .	100 grammes.
Sel de seignette	100 —
Eau distillée, q. s. pour.	1 litre.

3° SOLUTION C.

Sulfate de cuivre cristallisé pur.	40 grammes.
Acide sulfurique.	X gouttes.
Eau distillée, q. s. pour.	1 litre.

---

(1) Il est absolument nécessaire de se servir de *carbonate de soude* et non de soude caustique.

(2) 6 février 1896.

Manuel opératoire. — « Mettre dans un verre à expérience 100 centimètres cubes d'urine et 10 centimètres cubes de solution S, agiter et filtrer sur un filtre à plis, · pour éliminer les phosphates alcalino-terreux.

« Ajouter, à 100 centimètres cubes du filtratum, un mélange, fait à part, de 40 centimètres cubes de solution H et de 10 centimètres cubes de solution C (1) Au bout de dix minutes de contact, décanter ce que l'on pourra du liquide surnageant le précipité, puis filtrer sur un petit filtre plat disposé sur un bon entonnoir à succion et s'assurer que le filtratum ne précipite plus par une petite quantité du mélange de H et de C.

« Quand la filtration est complète, laver trois ou quatre fois au moins avec une pissette à orifice étroit, en ayant soin de détacher avec le jet le précipité étalé sur le papier en une couche gélatineuse continue, pour le ramener, grumeleux, à la pointe du filtre ; laisser chaque fois égoutter le précipité. Laver une dernière fois à l'eau froide ou chaude, à volonté ; (dans le cas des urines diabétiques, on lavera jusqu'à disparition du sucre).

« Le filtre, enlevé de l'entonnoir, est étalé ouvert sur la paroi d'une capsule de porcelaine et avec un pissette d'eau bouillante on fait tomber le précipité dans la capsule ; on ajoute, selon son abondance, de 1/2 à 1 1/2 centimètre cube d'acide chlorhydrique et goutte à goutte de l'hypobromite de soude ou de l'eau bromée jusqu'à dissolution complète de l'urate cuivreux et coloration jaune ou vert jaunâtre persistante du liquide.

« On s'arrange pour que le volume total de la solution ne dépasse pas 40 centimètres cubes ; on fait bouillir, on ajoute 10 centimètres cubes d'ammoniaque et, l'ébullition étant rétablie vive et continue, on verse goutte à goutte d'une solution A de cyanure de potassium équivalente à une liqueur décinormale d'azotate d'argent.

Lorsque la teinte bleue de la solution cupro-ammoniacale est très affaiblie, on procède comme cela a été indiqué dans la note sur le dosage cyanimétrique du cuivre (2), c'est-à-dire que *l'ébullition étant maintenue constante et vive*, on ne verse les gouttes de cyanure que toutes les trois ou quatre secondes et cela jusqu'à disparition de la coloration bleue.

Soit *q* le nombre de centimètres cubes de cyanure employés, X mul-

---

(1) « On pourrait, semble-t-il, opérer plus simplement en ajoutant successivement à l'urine, sans filtration intermédiaire, le carbonate de soude, puis l'hyposulfite cuproso-sodique ; la pratique apprend qu'en agissant ainsi la filtration finale sur filtre sans plis est très notablement retardée par la présence des phosphates insolubilisés. »

(2) *Bulletin* de la Société de pharmacie de Bordeaux, janvier 1896.

tiplie le poids d'acide urique rapporté au litre, on appliquera la formule
(1) $X = (q - 0,1)$ décigrammes $+ (q - 0,1)$ centigrammes.

Avantages. — L'hyposulfite de cuivre ne précipite guère que l'acide urique. Le précipité d'urate cuivreux est très peu altérable, tant qu'il est humide. Le dosage se fait facilement et demande environ une heure et demie.

Inconvénients: — Les résultats trouvés avec l'urine, par cette méthode, sont un peu forts si on les compare à ceux obtenus par le procédé Salkowski-Ludwig. Denigès a trouvé un écart maximum de 15 milligrammes, encore compare-t-il ses résultats avec ceux que donne le procédé Ludwig augmentés de 1/20.

Les bases sarciniques peuvent être précipitées. L'auteur donne d'ailleurs, d'après Krüger, le moyen de les éliminer avant tout dosage.

A 100 cc. d'urine neutralisée ou présentant une réaction à peine acide, on ajoute le mélange des solutions H et C, on filtre une première fois sur un filtre à plis. On traite alors le filtrat par 10 cc. de carbonate de soude en précipitant ainsi l'acide urique dont on effectue le dosage comme précédemment.

Le procédé Denigès doit donc être appliqué aux urines non alcalines qui, légèrement acides ou exactement neutralisées par la potasse, ne précipitent plus par l'hyposulfite de cuivre.

La dissolution du précipité d'urate cuivreux, dans l'acide chlorhydrique et l'hypobromite, est quelquefois difficile.

La quantité de solution alcaline est (exceptionnellement) insuffisante. Ainsi, pour une urine dans laquelle nous avons dosé l'acide urique par le procédé Denigès en ajoutant 10 cc. de la solution S à 100 cc. d'urine, sans nous inquiéter de la précipitation complète ou non des phosphates, nous avons trouvé par litre 0 gr. 176.

Ayant trouvé pour la même urine une proportion très élevée de phosphates (5 gr. 24 Ph^2O^5), nous avons recommencé l'opération en nous assurant de l'élimination complète des phosphates et le nouveau résultat a été, par litre, 0 gr. 28 acide urique.

OBSERVATIONS. — A la condition : 1° de s'assurer de l'absence des bases xanthiques ou de les éliminer au besoin ; 2° d'ajouter le carbonate de soude en quantité toujours suffisante pour la précipitation complète des phosphates, le procédé Denigès est suffisamment exact, commode et rapide.

III. — MÉTHODE OPTIQUE.

Aglot a construit un appareil qui permet de doser, par la méthode optique, l'acide urique, de même que l'albumine, les chlorures, le tan-

(1) Pour l'établissement de cette formule, voir *Bulletin* d· la Société de Pharmacie de Bordeaux, mars 1896.

nin, etc. Le liquide trouble est mis dans une cuvette cylindrique dans laquelle plonge une lunette concentrique munie d'un vernier.

Une lampe à essence de pétrole donne une flamme dont les rayons, après avoir traversé un verre opale, sont réfléchis sur une glace à 45° et sont reçus à la face inférieure de la cuvette.

La lunette, mise en mouvement de façon à intercepter complètement la vue de la flamme, donne, au moyen du vernier, la distance qui sépare les deux glaces inférieures de la cuvette et de la lunette et permet de calculer la proportion du corps précipité.

Pour le dosage de l'acide urique, Aglot recommande de traiter l'urine à chaud par du carbonate de soude à raison de 1 gr. 4 p. 100 cc., de laisser refroidir et filtrer.

D'autre part, on mélange 3 cc. d'une solution de sulfate de cuivre pur avec 7 cc. d'une solution de sel de Seignette et d'hyposulfite de soude et on ajoute 10 cc. de la solution de glucose à 35° Beaumé.

On place ensuite dans le tube 20 cc. de l'urine traitée par le carbonate de soude et on ajoute 10 cc. du mélange cuivreux, on agite, on introduit dans le tube la tige d'un thermomètre et on passe et repasse le tube sur une flamme jusqu'à ce que la température atteigne 27° environ. On laisse reposer 5 minutes, on mélange, on verse dans l'appareil et on procède à la visée.

En divisant la constante du verre opale dont on se sert par le chiffre lu au vernier, on a la teneur en grammes par litre.

La constante du verre opale est établie au moyen de la précipitation, dans les mêmes conditions d'une quantité connue d'acide urique pur.

Ce procédé, dont nous avons simplement indiqué le principe, permet de doser rapidement l'acide urique.

M. Aglot a eu l'obligeance de mettre à notre disposition son appareil ainsi que les réactifs, mais, à notre grand regret, le temps matériel nous a manqué pour juger personnellement de la valeur de sa méthode.

Plusieurs chimistes ont trouvé avec l'appareil Aglot des résultats précis.

A. Clarency a publié des dosages parallèles par l'appareil Aglot et par la méthode Denigès (pour les corps xantho-uriques). Les résultats obtenus montrent un écart maximum de — 0 gr. 01 à + 0 gr. 01.

Aglot, pour s'assurer de l'exactitude suffisante dans les visées, s'est adressé à douze opérateurs choisis qui ne connaissaient pas son appareil et les a fait procéder à des visées dont ont été déduites les teneurs en acide urique. Les résultats ont varié de — 0 gr. 06 à + 0 gr. 02.

Nous pensons avoir cité la plupart des procédés de dosage de l'acide urique. Nous avons négligé à dessein la détermination approximative de l'acide urique d'après le poids spécifique (1) qui constitue un procédé fantaisiste et le dosage erroné au moyen de la précipitation par l'acide chlorhydrique dans un entonnoir gradué (2). Quant au dosage de l'acide urique au moyen de la liqueur cupropotassique (3), il nécessite la séparation préalable de l'acide urique par un des procédés étudiés.

Le procédé Denigès ou le procédé Hopkins-Cazé nous paraissent tous deux pouvoir être admis dans la pratique courante des laboratoires d'analyse.

La filtration est plus rapide en suivant la modification Cazé. Le procédé Denigès nous semble plus rationnel. On peut d'ailleurs rendre ce dernier procédé encore plus rapide en évitant la filtration.

Pour cela, nous nous sommes servi avec avantage de la petite machine à force centrifuge dont l'emploi tend à se généraliser dans les laboratoires de chimie biologique. On effectue la précipitation de l'acide urique par l'hyposulfite cuivreux dans un large tube terminé par une portion cylindrique plus étroite. Cette partie du tube est munie d'un bouchon maintenu dans une gaîne. Le précipité se dépose rapidement par suite de la rotation. Le liquide clair, facilement décanté, est remplacé par de l'eau distillée, on agite, puis on soumet à une nouvelle rotation.

On répète trois ou quatre fois l'opération. Après la première rotation, on décante le liquide, on débouche le tube et le précipité, ainsi bien lavé, est recueilli avec le liquide restant dans une capsule en porcelaine. Les faibles portions du précipité adhérentes aux parois de verre sont entraînées au moyen de la pissette et le dosage est effectué en suivant à la lettre le procédé Denigès.

---

(1) En multipliant par 2 les deux derniers chiffres du nombre qui exprime la densité, on obtiendrait en centigrammes la quantité d'acide urique contenue dans un litre d'urine. Ainsi une urine de $d = 1,020$ contiendrait 0,40 d'acide urique.

(2) Béranger-Féraud, *Bulletin général Thér.*, 1837, t. LXII, 213-220.

(3) Worm Müll r-Pflug, *Arch. Band*, XXVII, 1881. — Riegler, *Zeits. für anal. chem.*, 1891, p. 31. — *Annales de chimie analytique*, t. 1, n° 3.

En opérant à l'aide d'une assiette rotative munie de quatre tubes, on peut effectuer quatre dosages simultanément en moins d'une heure.

D'autre part, le précipité d'urate cuivreux lavé pourrait être recueilli complètement, additionné de q. s. d'hypobromite de soude et décomposé dans l'uréomètre. Le dosage, dans ces conditions, aurait l'avantage de supprimer la liqueur titrante de cyanure préparée spécialement pour ce dosage, la durée de l'opération n'étant d'ailleurs pas sensiblement diminuée. Quelques essais basés sur cette modification nous ont donné des résultats favorables, mais leur nombre n'est pas suffisant pour nous permettre de conseiller définitivement ce mode opératoire.

Les divers procédés de dosage de l'acide urique peuvent être groupés dans le tableau suivant :

I. — MÉTHODE PONDÉRALE.

Précipitation par l'acide chlorhydrique.

- Directement . . Procédé Heintz (1847).
- Après pptation par le nitrate d'argent ammoniacal.
  - Procédé Salkowski (1871).
  - Procédé Salkowski-Ludwig (1884).
- Après pptation par le chlorhydrate d'ammoniaque.
  - Procédé Fokker (1876).

II. — MÉTHODE VOLUMÉTRIQUE.

Par dégagement d'azote . . . . . . Hufner, Yvon, Magnier de la Source, Esbach, Gautrelet, Cook, Bayrac.

Par liqueurs titrées de

- Permanganate de potasse.
  - Procédé Fokker-Hopkins (1875). Après précipitation par le chlorhydrate d'ammoniaque. Modification Cazé (1895).
  - Procédé Byasson (1882). Après précipitation par le mélange barytique.
- Sulfocyanate de potasse.
  - Procédé Haycraft-Hermann (1885). Après précipitation par le nitrate d'argent ammoniacal. Modific. Deroide (1891)
- Hyposulfite cuivreux.
  - Procédé Arthaud et Butte (1889). Dosage direct. Modificat. Gautrelet, Ducung.
- Cyanure de potassium.
  - Procédé Denigès (1896). Dosage du cuivre dans l'urate précipité par l'hyposulfite cuivreux.

III. — MÉTHODE OPTIQUE. — Appareil Aglot.

CONCLUSIONS

De l'examen des différents procédés de dosage de l'acide urique proposés jusqu'à ce jour, il résulte qu'actuellement :

1° Pour le dosage rigoureux de l'acide urique, le procédé Salkowski-Ludwig, long et délicat, reste le procédé par excellence adopté par la plupart des auteurs ;

2° Pour le dosage pratique de l'acide urique, le procédé Denigès réunit à notre avis les garanties de rapidité et d'exactitude suffisantes pour mériter d'être adopté dans tous les laboratoires.

COMPIÈGNE

IMPRIMERIE HENRY LEFEBVRE

31, RUE DE SOLFERINO, 34

COMPIÈGNE

IMPRIMERIE HENRY LEFEBVRE

31, RUE DE SOLFERINO, 31